BEI GRIN MACHT SICH IHR WISSEN BEZAHLT

Bibliografische Information der Deutschen Nationalbibliothek:

Die Deutsche Bibliothek verzeichnet diese Publikation in der Deutschen National-
bibliografie; detaillierte bibliografische Daten sind im Internet über http://dnb.d-
nb.de/ abrufbar.

Impressum:

Copyright © 2010 GRIN Verlag, Open Publishing GmbH
Druck und Bindung: Books on Demand GmbH, Norderstedt Germany
ISBN: 9783640658190

Dieses Buch bei GRIN:

http://www.grin.com/de/e-book/153607/fliessgewaesser

Heiko Lindner

Fließgewässer

Arten, abflusssteuernde Faktoren und Abflussmessung

GRIN Verlag

GRIN - Your knowledge has value

Der GRIN Verlag publiziert seit 1998 wissenschaftliche Arbeiten von Studenten, Hochschullehrern und anderen Akademikern als eBook und gedrucktes Buch. Die Verlagswebsite www.grin.com ist die ideale Plattform zur Veröffentlichung von Hausarbeiten, Abschlussarbeiten, wissenschaftlichen Aufsätzen, Dissertationen und Fachbüchern.

Besuchen Sie uns im Internet:

http://www.grin.com/

http://www.facebook.com/grincom

http://www.twitter.com/grin_com

Rheinisch-Westfälische

Technische Hochschule Aachen

Geographisches Institut

Fließgewässer

Arten, abflusssteuernde Faktoren und Abflussmessung

von

Heiko Lindner

Sommersemester 2010

Hausarbeit

Inhaltsverzeichnis

1 Einleitung

Fließgewässer stellen Lebensraum und Lebensgrundlage für zahlreiche Arten - den Menschen inbegriffen - dar.

Durch fluviale Prozesse prägen Fließgewässer die Landschaft geomorphologisch und sorgen somit auch für einen Stofftransport von Geröllen, Geschieben und gelösten Stoffen.

Für den Menschen sind sie von großer Bedeutung. Frühe Siedlungen und damit heutige Städte und Großstädte entstanden an ihren Ufern. Fließgewässer stellen eine wichtige Quelle zur Brauch- und Trinkwasserversorgung dar und sind deshalb, und als Transportwege wichtige Standortfaktoren für die Wirtschaft.

Im Folgenden soll nun ein Ein- bzw. Überblick über Fließgewässer gegeben werden. Es werden zunächst die Arten von Fließgewässern dargestellt und auf den Abfluss eingegangen. Der Abfluss ist die Größe, die das Wasservolumen darstellt, das pro Sekunde den Flussquerschnitt durchfließt. Weiter wird ein Schwerpunkt auf die abflusssteuernden Faktoren sowohl außerhalb, als auch im Gerinnebett eingegangen. Zwei gängige Methoden der Abflussmessung werden ebenfalls erläutert. Zum Abschluss wird auf Einflüsse des Menschen auf den Abfluss und somit der Fließgewässer eingegangen.

2 Arten von Fließgewässern

Fließgewässer sind die Entwässerungen eines Einzuggebietes. Hierbei ist die Quelle, der höchstgelegene Punkt, wo das Gerinne entspringt, die Mündung der tiefstgelegene Punkt des Systems. (Wilhelm 1997: 23).

Zunächst können sie nach den Abflussganglinien bzw. nach ihrer Wasserführung unterschieden werden. Und zwar ob ein Gewässer *perrenierend, periodisch* oder *episodisch* Wasser führt. Perrenierende Gewässer führen ganzjährig Wasser und kommen beispielsweise in den humiden außertropischen Gebieten und den immerfeuchten Tropen vor. Periodische Flüsse fallen mindestens einen Monat im Jahr trocken (z. B. wechselfeuchte Klimate Nordamerikas), während episodische (*Trockenflüsse, Wadis*) in extremen Trockengebieten vorkommen, in denen mehrjährig nur gelegentlich Niederschlag vorkommt (ebd.: 64 f.).

3

Bei Fließgewässern in Trockengebieten kann zusätzlich nach ihrem Quellort und Verlauf differenziert werden. *Endoreische* Flüsse entspringen in humiden Randbereichen von Trockenregionen, verlieren einen Teil des Wassers durch Verdunstung und enden in einem Endsee. Hier verdunstet das restliche Wasser.

Areische Flüsse entspringen und Enden in ariden Gebieten, so z. B. Wadis in Nordafrika; *diareische* Flüsse (z. B. Nil, Niger) entspringen und münden in humiden Gebieten. Sie queren unter großem Wasserverlust aride Regionen und werden, da sie nicht zu den klimatischen Gegebenheiten des passierten Gebiets passen auch als Fremdlingsflüsse bezeichnet (Wilhelm 1997: 65 u. Gebhardt et al. 2007: 466). Im Folgenden wird mehr auf die perrenierenden Gewässer, schwerpunktmäßig in Mitteleuropa eingegangen.

2.1 Flussordnungen

Die eher triviale Benennung von Gerinnen, sprich „Bach, Fluss und Strom sind wissenschaftlich nicht eindeutig definiert" (Wilhelm 1997: 23).

Deshalb ist hier eine Flussordnung zur Beschreibung von Flussabschnitten im Rahmen einer Flussnetzanalyse gebräuchlicher. Zunächst werden die unterschiedlichen Flussstrecken betrachtet. *Äußere* Flussstrecken haben als oberes Ende eine Quelle, *innere* Flussstrecken eine Zuflussmündung. Hiervon sind *Flussabschnitte* gleicher Flussordnung abzugrenzen (ebd.: 23).

In Deutschland wird zunächst zwischen Hauptflüssen, die in der Regel ins Meer münden und Nebenflüssen unterschieden. Diese Nebenflüsse werden wiederum in verschiedenen Ordnungen gegliedert. Der Nebenfluss erster Ordnung fließt in den Hauptfluss, der zweiter Ordnung in den Nebenfluss erster Ordnung usw. (ebd.: 23 f.). Ferner gibt es die Methoden der „topologischen und geomorphologischen Gewässernetztypen" (ebd.: 23).

Zum Beispiel lieferten - aufbauend R.E. Horton - A.N. Strahler und R.L. Shreve, zitiert in Wilhelm (1997), grundlegende Ansätze einer topologischen Flussnetzanalyse. Horton beispielsweise, geht bei seiner Untersuchung von einer äußeren Flussstrecke aus, die die Ordnungszahl 1 erhält. Treffen zwei äußere Flussstrecken (jeweils 1. Ordnung) aufeinander entsteht eine Flussstrecke zweiter Ordnung.

D. h. vereinen sich zwei Flussstrecken gleicher Ordnung entsteht eine nächst Höhere (Wilhelm 1997: 24; vgl. auch Abb. 2-1).

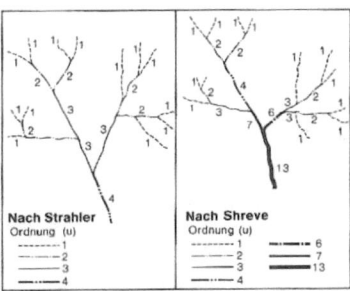

Abb. 2-1: Prinzipien der Flussordnungsanalysen nach Strahler und Shreve (aus Wilhelm (1997)).

Geomorphologische Aspekte lieferte Marcinek (1975) (ebenfalls zitiert in Wilhelm (1997)). Hier ist die Anordnung der Flussstrecken charakteristisch. Fünf Gewässernetztypen lassen sich aus „Relief, geologischem Substrat und Klima" (Wilhelm 1997: 25) ausweisen. Diese Typologie lässt sich wiederum in Untertypen unterteilen. Es gliedert sich beispielsweise der Normaltyp in einen baumartig verzweigten, einen radialen, einen zentripetalen und einen parallelen sowie einen winkeligen Untertyp. Während der baumartige eine Zufallsanordnung beschreibt, die nicht vom Relief beeinflusst wird, weisen radialer und zentripetaler Untertyp Hebungs- und Senkungsareale aus. Winkelige und parallele werden durch die unterschiedlich resistente Geologie beeinflusst (ebd.: 26).

3 Abflusssteuernde Faktoren

3.1 Bildung des Abflusses

Kann Niederschlag in den Boden eindringen, versickert er in Abhängigkeit der Bodenbeschaffenheit bis eine Wassersättigung des Bodens eintritt. Sind die Fähigkeiten des Bodens hinsichtlich der Infiltrationsrate (Aufnahmefähigkeit in mm/min) gering, so tritt Oberflächenabfluss ein, ist der Boden wassergesättigt, Sättigungsabfluss (Zepp 2008: 119).

Das Versickern in den Untergrund kann aufgrund der unterschiedlichen Bodenhorizonte, bzw. deren Zusammensetzung, nicht ungehemmt erfolgen, es kommt zum Zwischenabfluss oder Interflow, der zwischen Bodenoberfläche und Grundwasserspiegel verläuft (Gebhardt et al. 2007: 458). Erreicht das Wasser stauende Schichten bildet sich Grundwasser, welches den Basisabfluss bildet (Zepp 2008: 118).

Erreichen diese Abflussarten Gerinne, so bilden sich als unmittelbare Reaktion auf das Niederschlagsereignis der Direktabfluss, worauf mit einiger Verzögerung der Zwischenabfluss folgt und schließlich der Basisabfluss.

Dass heißt, der Direktabfluss des Gerinnes (sozusagen als Hochwasserwelle) enthält überwiegend Teile des Oberflächenabflusses. Der Zwischenabfluss wird durch den Interflow gespeist. Der Basisabfluss des Gerinnes wird durch das Grundwasser unabhängig von Niederschlagsereignissen aufrechterhalten (ebd.: 119).

3.2 Abflusssteuernde Faktoren außerhalb des Gerinnebetts

Die Abflussganglinien benachbarter Einzugsgebiete können sich, auch bei gleichen Witterungsbedingungen, auf Grund ihrer jeweiligen Eigenschaften unterscheiden.

Von Bedeutung sind hierbei die „Wasserdurchlässigkeit des Untergrundes, Reliefeigenschaften […], die Form des Einzugsgebietes und die Landnutzung" (Zepp 2008: 119). So tritt beispielsweise in einem Einzugsgebiet mit einem relativ höheren Anteil an wasserundurchlässigen Tonen verstärkt Oberflächenabfluss auf (und damit auch Direktabfluss im Gerinne), während in einem Vergleichsgebiet der Grundwasserabfluss dominiert (ebd.: 121).

3.3 Abflusssteuernde Faktoren im Gerinnebett

Zusammenfassend istder Abfluss eines Fließgewässers also zunächst abhängig von der Niederschlagsintensität, von der Morphologie und der Nutzung des Einzugsgebiets.

Zudem ist die Geometrie des Gerinnebetts von Bedeutung, ebenso seine Beschaffenheit bezogen auf die Reibung (Zepp 2008: 123).

Betrachtet man die Formel zur Berechnung des Abflusses (näheres in Kapitel 4) $Q = v \cdot A$ wird dies verdeutlicht. Es ändern sich mit der Geometrie des Gerinnebetts der Fließquerschnitt A und damit die Fließgeschwindigkeit v; bei seitlicher Einengung erhöht sich die Fließgeschwindigkeit durch Abnahme der Reibung an der Gewässersohle. Umgekehrt erhöht sich bei relativer Verbreiterung die Reibung; die Geschwindigkeit wird gebremst (ebd.: 123).

Reibung entsteht hierbei durch die Rauhigkeit der Gewässersohle und der Uferbereiche bzw. -böschungen. Hier spielen die Korngrößen des im Fluss befindlichen Gerölls und Geschiebes, aber auch und das insbesondere an den Ufern, die Vegetation eine große Rolle (ebd.: 126). So ist die Reibung bei mittlerem Abfluss am größten, da hier der Fließquerschnitt nicht ausgenutzt wird; bei bordvollem Abfluss am niedrigsten, hier wird der Querschnitt komplett ausgefüllt (ebd.: 125). Somit kann bei höherem Pegel, mehr Wasser schneller transportiert werden. Hier ist die Abflussmenge größer.

4 Abflussmessung

An herkömmlichen Pegeln wird der Wasserstand kontinuierlich aufgezeichnet. Des Weiteren werden jeweils zu unterschiedlichen Wasserständen, Durchflussmessungen durchgeführt. Diese Messwerte, also Durchfluss und Wasserstand werden in einer Bezugskurve gegenübergestellt, wodurch man die Abflusskurve erhält.

Damit können nun die gesuchten Abflusswerte anhand der Wasserstände bestimmt werden (LfU BW 2002: 1). Aus Abflusskurve und Wasserstandsganglinie erhält man die Abflussganglinie (Gebhardt et al. 2007: 460).

Zur Ermittlung des Abflusses können, z. B. Fließgeschwindigkeit und Wasserstand kontinuierlich ermittelt werden (z. B. mit Ultraschallmessgeräten) oder der Wasserstand kontinuierlich und der Durchfluss einzeln gemessen werden. Ferner ist es möglich den Durchfluss unabhängig vom Wasserstand zu bestimmen. Letztere gelten hierbei als Einzelmessungen (ebd.: 1).

Weiter unterscheidet man bei den Einzelmessungen zwischen Punktmessungen und Integrierenden Messungen (ebd.: 1).

Im Folgenden wird zunächst umfangreich die Punktmessung anhand der Messflügelmethode dargestellt, da diese das gängigste Verfahren ist. Als ein Beispiel für integrierende Messungen wird kurz das Tracerverfahren eingeführt.

4.1 Punktmessung mit Messflügel

„Bei der Durchflussmessung wird die Wassermenge bestimmt, die innerhalb einer Sekunde eine Querschnitt (Messquerschnitt) durchfließt" (LfU BW 2002: 3).

Dazu wird rechtwinklig zur Hauptflussrichtung die Messquerschnittsfläche definiert.

Auf Grund der differenten Fließgeschwindigkeiten in den jeweiligen Gewässertiefen müssen die einzelnen Wasserteilchen unterschiedliche Strecken zurücklegen (Zepp 2008: 122 f). Dadurch entsteht ein gewölbter Wasserkörper (Abb. 4-1). Das Volumen dieses Wasserkörpers entspricht genau dem des Abflusses, der den Messquerschnitt in einer Sekunde passiert (LfU BW 2002: 3).

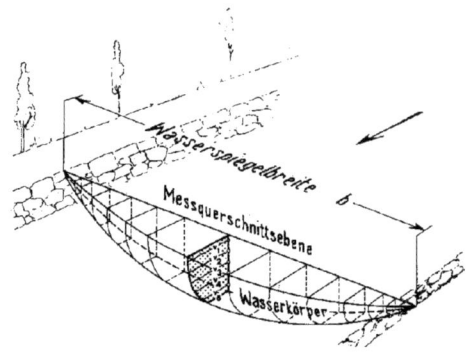

Abb. 4-1: Wassermenge, die pro Sekunde durch den Messquerschnitt fließt (Quelle: LfU 2002: 3)

Nachdem der Messquerschnitt bestimmt wurde, müssen mehrere Messlotrechte eingerichtet werden (Abb. 4-3), anhand derer in unterschiedlichen Tiefen je ein Geschwindigkeitsprofil pro Breiteneinheit (Abb. 4-2) ermittelt wird.

Die Fläche dieses Profils entspricht dem Abfluss einer solchen Breiteneinheit q [m³/sm]. Werden die einzelnen Werte der Breiteneinheiten durch eine Kurve verbunden und auf den gesamten Messquerschnitt bezogen, so entspricht die Fläche des entstandenen Geschwindigkeitsprofils dem so ermittelten Abflussvolumen Q in m³/s (LfU BW 2002: 4).

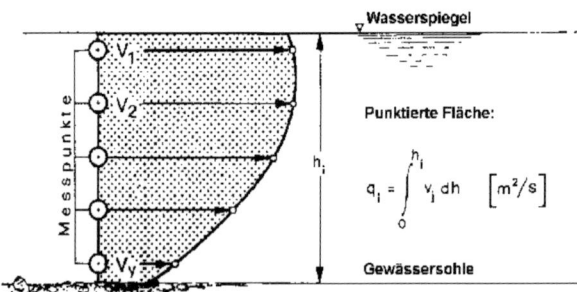

Abb. 4-2: Prinzip der Durchflussermittlung durch Punktmessung der Fließgeschwindigkeit - Geschwindigkeitsprofil eines Querschnitts (Quelle: LfU BW 2002: 4)

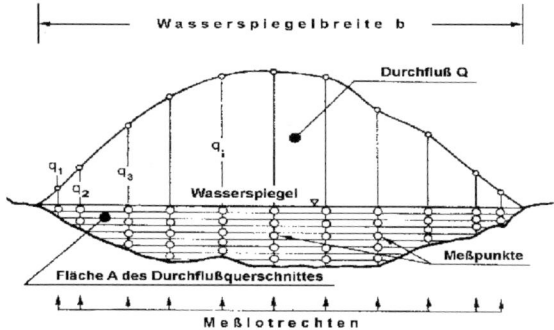

Abb. 4-3: Prinzip der Durchflussermittlung durch Punktmessungen der Fließgeschwindigkeit - Geschwindigkeitsprofil eines Querschnitts (Quelle: LfU BW 2002: 4)

4.2 Durchflussmessung mit der Verdünnungsmethode

Eine weitere Methode zur Ermittlung des Durchflusses eines Gewässers ist die Verdünnungsmethode. Diese soll im Folgenden kurz vorgestellt werden.

Bei der Verdünnungsmethode wird an einer Eingabestelle ein Tracer (wasserlöslicher Markierungsstoff, z. B. Uranin) in das Gerinne gegeben. Auf einer Durchmischungsstrecke verteilt sich der Tracer im Wasser. An deren Ende wird die Messstelle eingerichtet; hier werden Proben entnommen, bei denen die Tracerkonzentration ermittelt wird. Anhand der ermittelten Konzentrationskurve kann der Durchfluss festgestellt werden. Dieses Verfahren wird hauptsächlich an Wildbächen vorgenommen, da sich das Fließverhalten des Wassers für das Messflügelverfahren als zu turbulent erweist (Adler 2004: 4).

5 Künstliche Beeinflussung des Abflusses

Der Mensch greift auf vielfältige Weise in den Wasserhaushalt ein, so auch beim Abfluss - meist aus wirtschaftlichen Gründen. So wird beispielsweise, der Abfluss eines Einzugsgebietes, durch Beileitungen von Wasser aus weiteren, benachbarten Einzugsgebieten erhöht, um in einem Wasserkraftwerk mehr Energie zu erzeugen (Wilhelm 1997: 20 ff.).

Ähnliches geschieht zur Wasserversorgung von Regionen mit erhöhtem Wasserbedarf. Hier wird Wasser mit Fernleitungen aus Regionen mit höherem Wasservorkommen sowie niedrigerem Bedarf transportiert. Der Abfluss wird durch Staustufen oder Staumauern in der Spenderregion reguliert, das heißt verringert. Im Gegenzug,

9

durch das Abwasser, steigt der Abfluss relativ zum natürlichen Abfluss in der Neh-
merregion (Gebhardt et al. 2007: 451).

Eine zunehmende Versiegelung der Erdoberfläche, z. B. durch Bebauung, erhöht
den Abfluss. Es kommt durch die direkte Einleitung des Niederschlags in die Kanali-
sation und damit auch in den Vorfluter, mit weitaus geringerer Verzögerung zu Ab-
flusskonzentrationen und somit zu Hochwasserspitzen, die ohne anthropogenen Eingriff nicht oder nur sehr stark verzögert einträten (Schönwiese 2008: 155). Gleichzei-
tig wird versucht, diesem erhöhten Abfluss durch Rückhaltebecken entgegen zu wirken.

Ähnlich verhält sich mit der Landnutzung. Durch Veränderung der Vegetationsflä-
chen (z. B. durch Landwirtschaft) kann es zu veränderter Transpiration und gleichzei-
tig zu verändertem Abfluss kommen. Kulturpflanzen haben beispielsweise eine höhere Transpirationsrate als ihre Wildtypen (Wilhelm 1997: 145).

Ferner verändern gewässerbauliche Maßnahmen, Begradigungen von Flüssen und
der Fahrwasserausbau das Flusslängsprofil und den Fließquerschnitt. Die Fließgeschwindigkeit erhöht sich wodurch sich auch der Abfluss erhöht.

6 Fazit

Fließgewässer haben meist eine große regionale und überregionale Bedeutung.
Deshalb ist es wichtig, sie zu erforschen und zu beobachten.

Messungen des Abflusses, sind wichtig, um Aufschlüsse auf die Kapazität eines Gewässers zu geben, zum Einen um seinen wirtschaftlichen Nutzen zu ermitteln, zum
Anderen um möglichen Risiken durch Hochwässer entgegen zu wirken.

Dies ist insbesondere von Bedeutung, da der Mensch starken Einfluss auf den Abfluss ausübt. Durch seine Landnutzung, z. B. durch Oberflächenversiegelung im ur-
banen sowie durch die Landwirtschaft im ruralen Bereich, kann er den Abfluss steu-
ern was zu Komplikationen führen kann. Gleiches gilt für Beileitungen und Überlei-
tungen von Wasser. Sie können unter Umständen den Wasserhaushalt von Regionen massiv beeinflussen.

Ein rationales, nachhaltiges Vorgehen beim Eingriff in den Wasserhaushalt, hier in
Bezug auf den Abfluss von Fließgewässern, ist demnach nicht nur wünschenswert
sondern unbedingt notwendig.

7 Literaturverzeichnis

Adler, M. (2004): Durchflussmessung mit der Verdünnungsmethode. Koblenz: Bundesanstalt für Gewässerkunde. <www.unibw.de/rz/dokumente/public/getFILE?id=bs_2521426> (24.02.2010)

Gebhardt, H. et al. (Hrsg.) (2007): Geographie - Physische Geographie und Humangeographie. Heidelberg: Spektrum Akademischer Verlag.

Landesanstalt für Umweltschutz Baden-Württemberg (LfU BW) (2002): Arbeitsanleitung Pegel- und Datendienst - Durchflussermittlung mit Messflügeln. Karlsruhe: Landesanstalt für Umweltschutz Baden-Württemberg. <www.lubw.baden-wuerttemberg.de/servlet/is/7970/durchflussermittlung> (22.02.2010)

Schönwiese, C.-D. (2008[3]): Klimatologie. Stuttgart: Eugen Ulmer Verlag, UTB.

Wilhelm, F. (1997[3]): Hydrogeographie - Grundlagen der Allgemeinen Hydrogeographie. Braunschweig: Westermann Schulbuchverlag.

Zepp, H. (2008[4]): Geomorphologie - Eine Einführung. Paderborn, München, Wien, Zürich: Ferdinand Schöningh, UTB.